I0504285

8				6		2	4	5
		2			8	6		
6	4	7	1		2		9	3
	6					1	2	
		3	6		1			8
	8					7		
	2	8						9
4			3		6		8	7
				8	4		1	2

9	6	4	[illegible]	[illegible]	[illegible]	[illegible]	[illegible]	[illegible]
3	7	1	4			8	2	
8	2		3	9	1	6	7	4
1		3	2		6	5		7
6		8	9		3			
7	4	2				3		
5	3	9						
	8		1					5
2	1						3	

		3	2	7			5	9
7	5	1		4				
4						1	6	7
	3		5				1	4
		5			2			3
9	7	4	1					
	1		7		4		9	
		2			9	3	7	1
	9		3		5			2

4			2				8	5
	2	8		6	3	7	1	9
9				8	5	4		
2	3		5			1	4	
1			9	4	2		3	7
7		4	6					2
			3					
	5			9		2	6	4
6				2		3	5	

7		9		4		8	1	5
1				9				3
		3		8	6		9	
	7		3	1		5	4	6
2			6		8			9
	1						7	8
5	3		8	6		9	2	1
		1				6		7
	9	7			1	3	8	4

	9	3						
8				4	5			
6		5	1	3	9			
		4	9		3	2		
5		9		8	6	3	1	
	3		5	7	2	8	9	
4		7				5	8	
	1				4	6		9
		8	6	2	7	1	4	

2					3	7	6	
5	4			6		9	2	3
	3	6		7	4		8	1
			7	2	5	3		
3	2	5		4	6	1		
8			3		9		5	
7			6		1		3	2
4		2						
	6						9	

	8		6			2		7
1	6		4	7	8		9	5
		3		5	2			4
3	4		5	6	1		7	
	5		8		7		4	
7	9	6		4	3		8	
		9			5	4		
4		5					2	9
				2			5	6

4	3			2			7	
2	7	1		4		9	3	5
5	9	8					4	2
	4					1	6	3
		9			3	5	2	8
3	5					4		7
	2	3		5		7		4
1		4				3	5	
7							1	

8		1			6		4	
		7		8			5	2
	4	6		3		7	1	
	2		6					4
	6	9		5	3		2	
			2	4	7		6	9
	3	2	5		4	8	9	
1		5		9	2		7	6
9			1					

4		9			1		8	7
7	3	1						5
		5				9		
	1	8	9	7			5	
	4		8			3	7	9
	9	7		4	5		2	1
	5	3		9	7	1		
				2	8			
1							9	8

		6	4	3	2	7	9	5
7		2						8
	4	9		5	7			6
5	1		2					
	9			4		5		
	2		9		5			
9			7	1	3	2	8	
		1	5	2				
			6	9	4	3	5	

9	8	1	3		2			
5		7		6				9
6		3	5	9	4			8
8	5	6			7		4	1
	3	2		8		7	5	
	9	4	1					
	6		7	1	8		3	
3		8	9		5	6	1	
	1		6	2				

		7	1	6				
	6	3	8		9			
8		2			3		6	9
					2			7
		8	6		7	1		4
						8		
7	2		3		8	6		
		5	2	1		9	7	
9	8	1	7	5				

2	9		7	5		8		
8			1	9	3	4	2	7
1		4	2		6			
3		1					9	
	2	9	4		1			
4	5	7			9	1		
	3	8	5					1
	4					5	3	
5		2	3					8

9	4	5			2	3	1	6
	2						5	
	3	1	5		9		4	
2		8			6	9	3	
	1	9	8		3	5	6	
3							8	4
1	7	4	9					5
	8			4	7		9	
				5	1	4		8

	2		7	1	6		9	
6		8	2			7		
9			3				2	
	8				1	9		2
			5		8			3
	5	6				8	1	4
8		3						
1	6		4		3		8	5
				6	7		3	9

			9					4
1	6	3	8	4				
		4		5				1
					1	7	4	3
3					9	1	2	5
4		2	3		5	9		6
6			1		8	4	9	
	4	9	5		2			
8	3						6	

4			3	6			2	5
6		5			8		9	
3								6
	3	6			7		5	9
8		7		2	5	4	6	
9	5			3				8
	2	9				5		
		3	8		2	6		
			5	1		9	3	2

1	9	6	5		7	4		8
	7				1			
	8			6		7	5	1
	2				5	1		
6				7	8			
7		3		1			8	
	1	2		9			7	
	6		1	5	3	2		4
4				8	2	6		

		8			5			
3	1	4			2	5		
7	5		4				3	1
					1	6	9	7
4	7	3	6		8	1	2	
			2		7	3	4	8
2			8		4	7		
1	3	5		2			6	
				6	3	9		

	4	2						
	7			9		3	5	
	9	1	8			6		
		8		2	7		9	
					8	7		3
	1	7			6	4	2	8
1			3		5		7	4
	8	4			9	2		
		3			2	1		

		3	4		5	1		
	2			6		3	7	
			3	1		9		8
8					9	7	3	5
		4					1	
3		6	2	5	1			9
		9	1		4	8	6	
6					7		9	
		8	5		6		4	

7							8	
	3		8	5	9	4		
				7				
	9	1		4			2	6
6	7						4	1
	8		6			9		7
8				6	4		1	
4	6		2		5			8
2	1		7	8			5	

	4	6					3	
			3		2	4	1	
5		1	8	9	4	2	6	
	7	2					5	1
	6							2
9	1		2	3	7	6		
		3	4					
4		7		1				3
	2	8		5	3	9		6

	2				6		3	4
	5							
	7	3	2	4	9			1
3	1		4	2				
9			7		8			3
2	6	8	9	1	3			7
	8	2			1	3	4	
4	9		3			6	7	5
				9			8	

9	3	5	1	8				
					6		5	8
		6	5		7	4	9	
	8	2	3			1		
		3	2		5			7
5	1			4		9		2
		4			1			
3	7					5		
	6		7		3	8		4

	8		3			7		1
7	6	3					2	
1	2			9				3
	4	1	2					5
			5	4		6	7	2
				3	6	1		
	5	9				3		6
	3	7	6	5	4			9
	1		9	2				7

		9	4	1	5	2		8
8	1	7	6	9				4
		2	7	8		9		
				7	6		2	3
2	7	8			9	1		
	3	5	2			8	9	
1	2		5		8			
	8			2		6	1	
		6	1	3	7	4		2

	8		2		6		4	
7			8	3		5	6	2
		2					8	
			6		9	1		
	1	6		7	4	2		3
9		4					7	
	9				2			6
4		5						9
	2	7	9		8			

	1			3		7	5	9
		4		8				
		6		1				8
		5			2		9	4
		9			3	8		
8		3	4				2	
6	4						1	5
	9		5	4				7
5			9	6	7		3	2

	1	4	6		8		7	
3	7		2	5	9	1		
5				1	4			
	5					4		2
8	4				5			
1	6		4			8	5	9
2	3			9		6		8
			3	8	6	5		
6		5			2	3		7

					8			1
8			5	4		2	3	9
1	4	2	6		9			
				5		1		6
6	1	5				3	2	
7	3	8			6	9		5
5						6		2
3	7		1			5		
	2	6		8		7		

		3	7	9			8	1
				3		6	4	
1							2	9
8			3	4		1		2
4	5		9	2		7	6	
7					6		9	8
3		7	4		5	9		
	1				9	2		
9		4						

8		6		4			1	
4	1	2						3
	5	3	8					4
	3				5		4	7
	7				8	9		5
		9		7		3		
9		7	4	5			6	1
		1	7	8		4		9
2	4	5	9			7		

2			5	1			9	4
	3	1	6	4		2		7
4		9	7	2	3	1	6	
			1	6				5
						6		
6		2			4	8	7	
9	8	3	4				2	6
	4					7		
		6	3		5		8	

5		6	3					
2	1				6			3
			8	1			7	6
			6	4	9	1		
7	6				1	9		5
			5	3		6	2	
9		4			3			
	3	7	4	2		8	1	9
1	2	5	9					

3		6		1				4
8		1	9		3	7	6	
	5	9	6		7			3
				3	4			9
	2				5	4	1	
		4		6				2
	6		3	5	2			
5		8	4					
	3	2		9		6	5	

1					7	4	2	6
	3		6	4		1		
				1	9	8		
3			4	5	6		8	
				7		9		3
				9	2		4	1
	7	6		8		5	1	2
			5	6			9	
9	1	5	7			3		8

		4			2			
			1	9		6		3
	6		8		5	1		
	8	5	7	1		4		2
			4	8	3		6	
	3				6	9		1
					1	3		7
	2	6			7	5		8
	7		3		8		4	6

		4	3	7				9
2	5		9		8			7
		7	2	1				3
	3	5			7	1	9	8
1	7	8		5		2	3	6
9		2		8		7		
5		6	7	9			8	
	8	1	5					
3	2				6		7	

	2	3						
	6	5	9		1			2
9	1	8		2	5	7	6	
	7		2	3		1		6
	9	2	4	1	6		7	3
	3		7	5	8	2	4	
3	8				4		2	7
6	5	9		7	2	4	3	
	4				3	9		5

	2	3			5	8		
			3	2	8		7	4
8					9			
4		7		8	2	5		
	8		5	1		7		
6	3		9		7		1	
3		9	7	5			8	2
	5	1		9	4	6		7
7		8	2		6			

5			9		3		8	7
		4		8			1	9
9	7		4	1		2		6
		5			6		9	4
		2	3	7	4		5	
	4			5	9			1
		3	6	9				
6	1	7			8		4	
2		9	5		7			3

3						2		
	1		3	6			8	4
7	8	6		1	2	3	9	5
5	2	1		9	7		4	3
	3	8	1	2	6		7	
9			5				1	
1			6		4	9		7
			9			4		
6			2	7	5		3	8

		4		6	9	8	2	
	5				3	6		4
7	6	2	8	4			9	3
	9	1		7		4	6	
			1					9
2				9				
	2	7	4				8	5
5		3		1			4	6
	4		2					1

8			5	6	3	7	9	1
7	6	3				4	5	8
9				4		2	3	
6		9	1	7	8		4	2
	8	7	4		2			
	4	1	3		6		7	
	9		7	8			2	
1		2	6	3	5	9		4
5	3		9	2		1	6	

6		9	2		3			
		2	4			7		
4	8	1		7	6	2	5	
		3				1	6	
	1	6	5		4	9	3	2
				6	1		7	5
			6	4				9
	6	8				5		
9	4	5		3			2	

6	2		4					8
9		4	1	8		5		6
8	1						2	
	6	1				3	5	7
	3							
		7			3	9		1
		6		4	8	1	9	
					6		7	4
		8			7	2	6	5

4	2		6		7	9	5	
6	1	5	8		9	7		
7				2	4			8
2					5	3	8	6
5						2		
		6		7			9	
	5	7	9		1	6		2
			2				7	
		2	7	8	3	5		1

	8		4	7		6		
		6		3	2		5	
	7	3						8
					9	5		4
6						9	2	
		9	1	4	6	7		3
		1		2		8	9	
					8			
8	6		7	9	3		4	5

3			6			8		1
	8		5		2		7	
				3	8	6		5
1			3				8	
8			4		9	2		6
2	6		1			7	3	
5	7	3			1	4		8
6		8		5		3	9	
			8			1	5	7

9	4	3				2	8	
	2	8	9		4			
	6			8				
					2	4		
7		2	3	4		6	1	
	8	1	6	5			2	
				9		5	4	
8			5	7			6	2
3	1					8	9	

	8		1					
7				9			3	5
9				3	4			
			8		5		2	
4			3	2			7	
		8	7	1			4	
		3					5	6
1	4	6	9	5	2		8	3
	7		6			2	1	

7				5	2			3
6				9		7		2
4	2				3		5	9
	8	2	7		4	9		
	4	5		1	9		7	8
2	6				7			
8	9		3	4	1		2	6
5	3	1		2				7

2			3		8	1	4	6
	7			2		9	8	
		8		1		2		
					2	5		9
5						4	1	
4	8	9	1		5	6		7
			2	8				1
		2			1		5	4
7	1		4			8	9	2

	3	1	6		4	7		
							5	6
		6			2	9		
			2			4	7	5
4		2			6	8	1	
				4				2
8	4	7		9	5	2		1
3	2	9					8	4
	6	5		2			9	7

			5				3	8
	5						2	
	1	3					7	
	4	8		9	6	1	5	
	6	2				3	8	7
		5	7	2		9	6	
3	7		8	6	9	2		5
			4		7		1	
5							9	

8				3			6	
		4		6				
3		1		5		8	9	
9	4	7		8	3	1		
2	5	8		4	9		7	3
	1	3					8	
			8					2
		2	3	9		7		
1	7	9	5			3	4	

			3	1				8
	3		8			7	9	
		1	2	9		5	3	
	2					1	4	
						6		2
5	6	7	4		1	3		9
6	7	9	5				1	3
3		8		7		4	2	6
		2		8				7

2					1	7		
3		4			7			
			4	5			9	2
	3	6		4		8	2	1
	2			3	5	9	6	4
4	9	1			6		5	
7				1	2		3	6
	1	3	5				8	
			3	6				

				7	1	2		3
	5	8					6	
								4
8		4	7		5	1	9	2
	6		4		2		3	
5	2		3	8				7
2			1	3		4		8
		3	6		4		2	1
	1		9	2		3	7	6

7		3	1			8	4	2
	1		2		7	9		3
			8	3		7	1	
			4		9	2	3	8
9			6			4		7
		2			5	1		
	9	5		8		6		
2		4				3	7	9
3		7		4	2			

8			4				6	1
5	9		1		2		3	
		7		3				9
	8					3		7
		5				9		2
2		9			1	6		
	6			1			9	3
9		1			3	8	5	6
3	5	2	9	8				4

	8	1			6	2		3
6	2		3		7		9	8
	7	4			2			6
7	3	2						
		8	7					
4	9	6			8	7	3	
2			6	8	9			
8			1	2	3	6		
		3				8		

6		4	8			1		2
	3	2	4	1			7	
1	9		5			6		
		9	7					
		8	9	6				
		6	2	4	3	8	9	5
	6	1	3	5			2	8
9		3		2		7	5	6
2	7	5	6	9	8		4	

		5		8	6			
		4	2				5	
	1			9	5	2		
4		6			3			2
1		2	6	4	9	3	7	5
	9			5			8	
5				2		6		
2	6					8		7
3			9		1	5		

1	3		6	4		7		2
4	6	5			7	9		
	7				3		6	8
7	2			8		5		1
	9	6					8	4
	5			9		3		
2			5		8			9
	8				4	1		
6	4	9	2	7		8		

7	4			1		9		
9			2				7	5
3	2		7		9	1	4	8
8	3						1	2
	6		1		8	4		
2					5		6	9
6					1		8	
		3				2	9	1
	8		3	9	2			

	4	1	9	7				8
	7	2		1			4	
6	5			4		1		7
		6	7	5		4		
			4	6	9	5	1	
						8		
	6				1	7		
7			3			6		1
5		4		8				3

4				2			6	
	5	3					2	
6		2	5	1	4			
	1		3	7	5			2
5			2	6		3	1	
	2		1					
			9	3		2		4
2		1		8				9
9	4			5			3	

1		5			8		6	3
4		6				1	2	
2			6	1		8	4	5
3		2			9			
7	6	8		3	1		9	4
		4	7	5	6	2	3	
	3							
	2	9	1				5	
5								2

1		9			6	8	3	2
2						9	5	
	5	8	2					
6		5		7	4	2	9	
	8					6		4
	4						7	5
	9		1					7
		7		8				3
5	3			2		4	8	

	1	9	6		4			5
	6			1			9	
2		4	9		5	7	1	6
		6	5	3	9	1		8
	9				8	4	5	
8	5						6	3
	4		2			8		9
6		7	8					1
9			4			6	3	

4		6	2	9		8	1	
			6		8	9		
7		8		1		6		
				2				5
1	6			4		2	9	3
3		4	5			1		
	8		9	3	6		4	
9	3	7			4			
	4	1		5			8	9

	5			8				2
		3	1		4	6	7	
		6	5					
		1	6			3		8
	3	8	4	1	2			
7		9			5	4	2	1
6		5				2	9	
3			9	5		8	4	
9	4		2	6		5		

					8		3	
3			9	1				6
						1	4	2
7	3		4			6	2	
6							9	8
8	1		7			4		3
1				9				
	8		3	4	7	2	1	
		3			5		7	4

		8		4			7	
	9	5	3		8		1	4
1		2	6	7	9	5	3	8
		3		9	7		4	1
8		4			6			
5		9			4	2		
9	8	1						3
		7	9	5			8	
	5					4	2	

5				7	8			4
6	8				2			3
9				6			2	
	5	7		8	9	3		2
2			4		1	9		5
3						4	6	8
	3							
		2	7	1			3	6
	4	6	3	2			8	9

	6		2	1			5	
8	3		9	7	6	4		
	2		3	5		9	6	8
6	8		7				4	1
			8	4			9	6
4	1	9	5	6	3			
			1		2			
3	7		4		5	1		
		2				8		5

			7		5			3
				9		8	7	5
	7		6	2	8	4		
		6		8	7	5		4
1		8		3	9		2	
	4						8	
6			8	5		1	4	
4	8		1		6	9		2
	1		9				5	8

3			1		8	6	2	
8		1		9			7	
	6	9		7	5		8	
4		3		6		8		7
	2	7	5				9	1
			4		7			6
9		4			1		6	2
1	3		9		6	7		
			8			9	1	

6		3		9	2		1	
4	5			1	8	2		
		1						6
9					6	1		
	3		2	5			9	
							8	2
2	6			8			7	9
3		4		2		5	6	
1	9	7			4		2	8

				7		5	9	1
9						8	7	
6				9	1	2	3	
4		9	8		6			
8		3	7		4		1	
		1	3	5	9			
7	3	6	1			4	5	9
5		4		6				
			4	3	5	7	6	

	5	7			8		9	
		9	1	6	4	5	7	3
1	3		7					6
		2	4	3				8
4	7	3	9	8		6		
		8			6			4
		1	5	9				
7				1				
			8		3	1		

7		1			6		3	
6	3	4	1			8		7
	8		7	3		1		
2		5		6	8			
		3			9			
		8				3	2	
8					2			
3	4	9			1			
5		6	8	4		7		

5		2		4	8	3	1	
9			2				8	5
	3	4				7		
3				2		5	7	
	4			8		6	9	
6		5	4	9	7			
	5	3		1	2	9		7
	7	8	9		4	2		
			3				4	8

			8		7			6
4	7	8	1	5		9	3	
		5			4	7	1	
7	9	2						
	5		7		8	3		
3				1		2	6	
8	3	9	5				7	1
5			4	8	9	6	2	3
2		6					5	

9	1		2	8	4		3	5
4					6	7	2	8
			7	5				
	4	6	3		1		7	
	7	3			8	4	9	6
		9		4	7	1	5	3
	9		8	3		5	6	
				7		3		9
		8		6	9		4	7

5	7		6			9	4	2
			9		4			
9	4				2		8	
4			8	2		1		
7	5	8			1	2		3
2	1				9	8	5	4
		7	1		6		2	5
		4			7	3	6	8
	6	5	2		3		1	

2	1	7		8	4	6	5	9
8			9	2				
		3	5		6	7		8
7			8	9	3	5		
5	3	8						
		9		4	5		8	2
	2	5	4					3
	8				9	4		
9		4	6	3			1	

3		6	1	4			5	7
		7	3		6		4	
5	1	4			9			6
	6			3	2	5	8	9
	3	5	6	8		7	1	
7		2		1	5			
1			5	2	7		9	
					1			5
2	5		4	6	3	1		8

	2			1		7		6
		7	3				5	
3	5					4	9	1
				6				
	9	2			1			8
				8		2	1	
	6	1			9	3		4
	4		1	2	8			7
7		5	6	4	3		2	9

4			6					
						9	5	3
	7			3	2	6	8	
	1				6	4	2	8
6	5	4	2		1		7	9
8		2			3		6	5
	6	5		1		7	4	
2	8				9	5		1
	4				7		9	

		9	8			4	5	7
	7		4	6	5		9	
4	5	2	3	7			6	
	3					2		1
7		5			3		8	4
2	4				7	9		
		4					1	
6	1	3	5	4	8		2	
					2			

6				9		8	1	5
9		5		8			3	2
1		2				4		6
4		8	5	1		6		9
	6		8	4	9	5		
	5				7	1		
		7		2		3		
5	9		7		8	2		1
	3	6						

	9		3	8	6			2
7							3	5
6				7		8	4	9
9		7	4	3		5		
3	5	4	1	6		7		
			7			4	9	3
1								
5		3		2		9	8	
	6	8			7	3		

	7		3	2	8			5
3						9		
	4		5		1		3	6
	6	8		1			5	2
		4				3		7
2	3				4	6	1	
5		1	4		6			
4			9	3		2	7	
		3	1					

2	1		8			9	6	
9	8					3	1	2
3		4	2			7	8	
	3	2		6	7	8	4	1
		8		2	1	6		
6			3					7
1		6	4	3		5		
				9		4	2	
	4	9			2			6

8						7		9
	4		8	9		6	1	
	6	2				4		
1	9	5	3		7			
	8	4	2		9	3	7	
	2			4		9	5	
				7				
	7		6	2			9	
		9	5	1		8		

2		5		3				9
8	6	4	5			3		1
1					6	7		
			1	4		6	9	
					9			4
4	8		2				7	
							3	8
3		8	6		2	9	1	7
9		1		8	3	4	5	6

	4		9		7	3		
				6			5	
8	6	7			5	2	4	9
	5	1	6	2		9	3	4
			5					7
		8				5		2
	7	5	1	3				6
1		9	8	5	6	4		3
	8		2			1		5

4	1	7	6	2	8		3	5
	3	5	9		1		2	8
	8	9	3	4			6	1
1	5	8			9	2		
7	6							
9			7		3		8	
5	7	6	1		4			2
3	9			8		6		
	2	4	5	9		3	1	

	2	6		3		4		
	7			9	6	8		2
4	5					6		1
							4	8
		8			2	1	7	9
2	9		8	7	1	5		
		3		2	9	7	8	
5	6				8		2	4

4				5	3	1	6	
8	3			6		4	2	5
	5		4			9		
		3	7	8	2		4	6
	8	7					1	
6	2			3				9
1	6		5			2	9	
3		5		9	6	8		
		9					5	

			7	5		2		3
4		7		8	3	5		9
		1				6		8
8			1		5			
7	6			9				1
1		5	2		7	9		
6		3			2	8		4
2			8	7	9			5
			4					7

3		5	6	4		1		9
		6			2		3	
				1		2	7	6
			1	5				
2			4		6	8	9	
4	8			2			1	5
1		2			4		5	3
5	9		3	6				
8						4	6	1

	4	8	2		1	9		7
		5	6	7		1		
		7				4	5	
			3	1			4	5
8	5	1		4				
			5			8		1
	3	4	8		5			
1	2	6					7	
5			1			6		

		3		1			2	
	8	2	4				6	7
4		9			2	3		
8			5		7		3	
				8	9	2	7	
			6			9	5	
7		1			6			
	6	8	2	7				
2	3		9			7		

		3					1	7
5	2	1			9	4		
8	7	6	1		4			
		4				9		
	8	9		1		3	2	
1				9			6	
			6	4	5			2
2	9		3	8	1			
	6	8					3	

	5		1			3		
1		7		6	3		5	2
3	9	8	7	5	2	6	1	
7		9		1	8	4	2	5
8			6			7		
2	3			4		8		1
	2	3	4	7	9	1		
	7	6		8				
			2	3	6		4	7

	3	9		4	5		6	
		2						3
			2				7	5
			9	5				
		7	6		2	5	4	
		5		8			2	6
2	9							8
	6			7	3	2	9	1
	7			2	9		5	

			9		8	7	5	4
	4	9			2		8	
7		8					2	
	5						4	8
2		7	8					1
4	8		1					
8	6		7		9	4	1	
				8	5			7
3			2	6	1	8	9	

4	8	9		6		3		7
	1	3	7	9	4	5	8	
2						9		
9	2	5	6					
		1	4		5	7		9
7				2			5	3
5	7			4		8	3	
1	3			5	7			6
8	9	2			6	4	7	

Puzzle 1

7	8	3	4	6				1
5		4			8	7		
	1		7					
2	4		6	1			8	
1				8				7
		6						4
				7	3	1	5	
			8	5	1	6		9
9		1	2		6			

Puzzle 2

	9	7				2	5	
6	2					4		7
	3		7	9				
7	5	3	9		4	1		
		2	8	3				
								3
	6	4	2	5			1	
	1		4	7	3	2		
	7		1				5	4

Puzzle 3

	9		1	5		4		
7				9				2
4	1			2		7		
5								4
	8	1			4		6	5
		3		1			2	
8	6		3	2	5	7		1
	7						9	
	5		7		6		8	

Puzzle 4

6	8			9		3	2	
5				2	6		7	3
			1			4	5	
		2	5		8			
4		8	1			6		
3	7	9	4	2			5	1
7		5	6		9		3	
9		3		7		4	6	2
							7	

Puzzle 5

5		1	4	2	6		8	
		3			1		4	5
			3				7	
			6		2	8	1	
6	1		5	4		2	9	
8	3					5	6	
			6	4		5		
	5	6				4	2	8
1	8		2	5		9		6

Puzzle 6

6		3			8			
	4	7	3		6			8
2	8	9				1	6	
4					5		9	7
9	2	1	4				8	5
	6		9	8		3		
3		2			6		7	4
	9						5	6
5			6	8			9	1

Solutions

Grid 1

8	3	1	7	6	9	2	4	5
5	9	2	4	3	8	6	7	1
6	4	7	1	5	2	8	9	3
9	6	5	8	7	3	1	2	4
2	7	3	6	4	1	9	5	8
1	8	4	2	9	5	7	3	6
3	2	8	5	1	7	4	6	9
4	1	9	3	2	6	5	8	7
7	5	6	9	8	4	3	1	2

Grid 2

9	6	4	8	2	7	1	5	3
3	7	1	4	6	5	8	2	9
8	2	5	3	9	1	6	7	4
1	9	3	2	4	6	5	8	7
6	5	8	9	7	3	2	4	1
7	4	2	5	1	8	3	9	6
5	3	9	6	8	4	7	1	2
4	8	7	1	3	2	9	6	5
2	1	6	7	5	9	4	3	8

Grid 3

6	8	3	2	7	1	4	5	9
7	5	1	9	4	6	2	3	8
4	2	9	8	5	3	1	6	7
2	3	8	5	6	7	9	1	4
1	6	5	4	9	2	7	8	3
9	7	4	1	3	8	5	2	6
3	1	6	7	2	4	8	9	5
5	4	2	6	8	9	3	7	1
8	9	7	3	1	5	6	4	2

Grid 4

4	7	3	2	1	9	6	8	5
5	2	8	4	6	3	7	1	9
9	1	6	7	8	5	4	2	3
2	3	9	5	7	8	1	4	6
1	6	5	9	4	2	8	3	7
7	8	4	6	3	1	5	9	2
8	4	2	3	5	6	9	7	1
3	5	1	8	9	7	2	6	4
6	9	7	1	2	4	3	5	8

Grid 5

7	6	9	2	4	3	8	1	5
1	8	2	7	9	5	4	6	3
4	5	3	1	8	6	7	9	2
9	7	8	3	1	2	5	4	6
2	4	5	6	7	8	1	3	9
3	1	6	9	5	4	2	7	8
5	3	4	8	6	7	9	2	1
8	2	1	4	3	9	6	5	7
6	9	7	5	2	1	3	8	4

Grid 6

2	9	3	7	6	8	4	5	1
8	7	1	2	4	5	9	3	6
6	4	5	1	3	9	7	2	8
7	8	4	9	1	3	2	6	5
5	2	9	4	8	6	3	1	7
1	3	6	5	7	2	8	9	4
4	6	7	3	9	1	5	8	2
3	1	2	8	5	4	6	7	9
9	5	8	6	2	7	1	4	3

2	1	8	5	9	3	7	6	4
5	4	7	1	6	8	9	2	3
9	3	6	2	7	4	5	8	1
6	9	1	7	2	5	3	4	8
3	2	5	8	4	6	1	7	9
8	7	4	3	1	9	2	5	6
7	5	9	6	8	1	4	3	2
4	8	2	9	3	7	6	1	5
1	6	3	4	5	2	8	9	7

5	8	4	6	3	9	2	1	7
1	6	2	4	7	8	3	9	5
9	7	3	1	5	2	8	6	4
3	4	8	5	6	1	9	7	2
2	5	1	8	9	7	6	4	3
7	9	6	2	4	3	5	8	1
6	2	9	7	1	5	4	3	8
4	1	5	3	8	6	7	2	9
8	3	7	9	2	4	1	5	6

4	3	6	5	2	9	8	7	1
2	7	1	8	4	6	9	3	5
5	9	8	3	1	7	6	4	2
8	4	7	2	9	5	1	6	3
6	1	9	4	7	3	5	2	8
3	5	2	1	6	8	4	9	7
9	2	3	6	5	1	7	8	4
1	6	4	7	8	2	3	5	9
7	8	5	9	3	4	2	1	6

8	5	1	7	2	6	9	4	3
3	9	7	4	8	1	6	5	2
2	4	6	9	3	5	7	1	8
7	2	3	6	1	9	5	8	4
4	6	9	8	5	3	1	2	7
5	1	8	2	4	7	3	6	9
6	3	2	5	7	4	8	9	1
1	8	5	3	9	2	4	7	6
9	7	4	1	6	8	2	3	5

4	6	9	5	3	1	2	8	7
7	3	1	2	8	9	6	4	5
2	8	5	7	6	4	9	1	3
3	1	8	9	7	2	4	5	6
5	4	2	8	1	6	3	7	9
6	9	7	3	4	5	8	2	1
8	5	3	4	9	7	1	6	2
9	7	6	1	2	8	5	3	4
1	2	4	6	5	3	7	9	8

1	8	6	4	3	2	7	9	5
7	5	2	1	6	9	4	3	8
3	4	9	8	5	7	1	2	6
5	1	3	2	8	6	9	4	7
8	9	7	3	4	1	5	6	2
6	2	4	9	7	5	8	1	3
9	6	5	7	1	3	2	8	4
4	3	1	5	2	8	6	7	9
2	7	8	6	9	4	3	5	1

9	8	1	3	7	2	4	6	5
5	4	7	8	6	1	3	2	9
6	2	3	5	9	4	1	7	8
8	5	6	2	3	7	9	4	1
1	3	2	4	8	9	7	5	6
7	9	4	1	5	6	2	8	3
2	6	9	7	1	8	5	3	4
3	7	8	9	4	5	6	1	2
4	1	5	6	2	3	8	9	7

4	9	7	1	6	5	2	8	3
5	6	3	8	2	9	7	4	1
8	1	2	4	7	3	5	6	9
1	4	6	9	8	2	3	5	7
2	5	8	6	3	7	1	9	4
3	7	9	5	4	1	8	2	6
7	2	4	3	9	8	6	1	5
6	3	5	2	1	4	9	7	8
9	8	1	7	5	6	4	3	2

2	9	3	7	5	4	8	1	6
8	6	5	1	9	3	4	2	7
1	7	4	2	8	6	3	5	9
3	8	1	6	7	5	2	9	4
6	2	9	4	3	1	7	8	5
4	5	7	8	2	9	1	6	3
9	3	8	5	4	2	6	7	1
7	4	6	9	1	8	5	3	2
5	1	2	3	6	7	9	4	8

9	4	5	7	8	2	3	1	6
7	2	6	3	1	4	8	5	9
8	3	1	5	6	9	7	4	2
2	5	8	4	7	6	9	3	1
4	1	9	8	2	3	5	6	7
3	6	7	1	9	5	2	8	4
1	7	4	9	3	8	6	2	5
5	8	2	6	4	7	1	9	3
6	9	3	2	5	1	4	7	8

4	2	5	7	1	6	3	9	8
6	3	8	2	5	9	7	4	1
9	7	1	3	8	4	5	2	6
7	8	4	6	3	1	9	5	2
2	1	9	5	4	8	6	7	3
3	5	6	9	7	2	8	1	4
8	9	3	1	2	5	4	6	7
1	6	7	4	9	3	2	8	5
5	4	2	8	6	7	1	3	9

2	5	7	9	1	6	8	3	4
1	6	3	8	4	7	2	5	9
9	8	4	2	5	3	6	7	1
5	9	8	6	2	1	7	4	3
3	7	6	4	8	9	1	2	5
4	1	2	3	7	5	9	8	6
6	2	5	1	3	8	4	9	7
7	4	9	5	6	2	3	1	8
8	3	1	7	9	4	5	6	2

4	8	1	3	6	9	7	2	5
6	7	5	2	4	8	3	9	1
3	9	2	7	5	1	8	4	6
2	3	6	4	8	7	1	5	9
8	1	7	9	2	5	4	6	3
9	5	4	1	3	6	2	7	8
1	2	9	6	7	3	5	8	4
5	4	3	8	9	2	6	1	7
7	6	8	5	1	4	9	3	2

1	9	6	5	2	7	4	3	8
3	7	5	8	4	1	9	2	6
2	8	4	3	6	9	7	5	1
9	2	8	4	3	5	1	6	7
6	5	1	2	7	8	3	4	9
7	4	3	9	1	6	5	8	2
5	1	2	6	9	4	8	7	3
8	6	7	1	5	3	2	9	4
4	3	9	7	8	2	6	1	5

6	2	8	1	3	5	4	7	9
3	1	4	9	7	2	5	8	6
7	5	9	4	8	6	2	3	1
5	8	2	3	4	1	6	9	7
4	7	3	6	9	8	1	2	5
9	6	1	2	5	7	3	4	8
2	9	6	8	1	4	7	5	3
1	3	5	7	2	9	8	6	4
8	4	7	5	6	3	9	1	2

3	4	2	6	5	1	9	8	7
8	7	6	2	9	4	3	5	1
5	9	1	8	7	3	6	4	2
4	3	8	1	2	7	5	9	6
2	6	5	9	4	8	7	1	3
9	1	7	5	3	6	4	2	8
1	2	9	3	6	5	8	7	4
6	8	4	7	1	9	2	3	5
7	5	3	4	8	2	1	6	9

9	8	3	4	7	5	1	2	6
1	2	5	9	6	8	3	7	4
4	6	7	3	1	2	9	5	8
8	1	2	6	4	9	7	3	5
5	9	4	7	8	3	6	1	2
3	7	6	2	5	1	4	8	9
2	5	9	1	3	4	8	6	7
6	4	1	8	2	7	5	9	3
7	3	8	5	9	6	2	4	1

7	2	5	4	3	6	1	8	9
1	3	6	8	5	9	4	7	2
9	4	8	1	7	2	3	6	5
3	9	1	5	4	7	8	2	6
6	7	2	3	9	8	5	4	1
5	8	4	6	2	1	9	3	7
8	5	7	9	6	4	2	1	3
4	6	3	2	1	5	7	9	8
2	1	9	7	8	3	6	5	4

2	4	6	5	7	1	8	3	9
7	8	9	3	6	2	4	1	5
5	3	1	8	9	4	2	6	7
8	7	2	9	4	6	3	5	1
3	6	4	1	8	5	7	9	2
9	1	5	2	3	7	6	8	4
6	5	3	4	2	9	1	7	8
4	9	7	6	1	8	5	2	3
1	2	8	7	5	3	9	4	6

1	2	9	8	5	6	7	3	4
6	5	4	1	3	7	9	2	8
8	7	3	2	4	9	5	6	1
3	1	7	4	2	5	8	9	6
9	4	5	7	6	8	2	1	3
2	6	8	9	1	3	4	5	7
5	8	2	6	7	1	3	4	9
4	9	1	3	8	2	6	7	5
7	3	6	5	9	4	1	8	2

9	3	5	1	8	4	2	7	6
7	4	1	9	2	6	3	5	8
8	2	6	5	3	7	4	9	1
6	8	2	3	7	9	1	4	5
4	9	3	2	1	5	6	8	7
5	1	7	6	4	8	9	3	2
2	5	4	8	9	1	7	6	3
3	7	8	4	6	2	5	1	9
1	6	9	7	5	3	8	2	4

9	8	4	3	6	2	7	5	1
7	6	3	4	1	5	9	2	8
1	2	5	7	9	8	4	6	3
6	4	1	2	7	9	8	3	5
3	9	8	5	4	1	6	7	2
5	7	2	8	3	6	1	9	4
2	5	9	1	8	7	3	4	6
8	3	7	6	5	4	2	1	9
4	1	6	9	2	3	5	8	7

3	6	9	4	1	5	2	7	8
8	1	7	6	9	2	3	5	4
5	4	2	7	8	3	9	6	1
4	9	1	8	7	6	5	2	3
2	7	8	3	5	9	1	4	6
6	3	5	2	4	1	8	9	7
1	2	4	5	6	8	7	3	9
7	8	3	9	2	4	6	1	5
9	5	6	1	3	7	4	8	2

5	8	1	2	9	6	3	4	7
7	4	9	8	3	1	5	6	2
6	3	2	7	4	5	9	8	1
2	7	3	6	8	9	1	5	4
8	1	6	5	7	4	2	9	3
9	5	4	1	2	3	6	7	8
3	9	8	4	5	2	7	1	6
4	6	5	3	1	7	8	2	9
1	2	7	9	6	8	4	3	5

2	1	8	6	3	4	7	5	9
7	5	4	2	8	9	1	6	3
9	3	6	7	1	5	2	4	8
1	6	5	8	7	2	3	9	4
4	2	9	1	5	3	8	7	6
8	7	3	4	9	6	5	2	1
6	4	7	3	2	8	9	1	5
3	9	2	5	4	1	6	8	7
5	8	1	9	6	7	4	3	2

9	1	4	6	3	8	2	7	5
3	7	8	2	5	9	1	6	4
5	2	6	7	1	4	9	8	3
7	5	9	8	6	1	4	3	2
8	4	3	9	2	5	7	1	6
1	6	2	4	7	3	8	5	9
2	3	1	5	9	7	6	4	8
4	9	7	3	8	6	5	2	1
6	8	5	1	4	2	3	9	7

9	5	3	7	2	8	4	6	1
8	6	7	5	4	1	2	3	9
1	4	2	6	3	9	8	5	7
2	9	4	8	5	3	1	7	6
6	1	5	4	9	7	3	2	8
7	3	8	2	1	6	9	4	5
5	8	1	3	7	4	6	9	2
3	7	9	1	6	2	5	8	4
4	2	6	9	8	5	7	1	3

6	4	3	7	9	2	5	8	1
2	8	9	5	3	1	6	4	7
1	7	5	8	6	4	3	2	9
8	9	6	3	4	7	1	5	2
4	5	1	9	2	8	7	6	3
7	3	2	1	5	6	4	9	8
3	2	7	4	8	5	9	1	6
5	1	8	6	7	9	2	3	4
9	6	4	2	1	3	8	7	5

8	9	6	3	4	7	5	1	2
4	1	2	5	6	9	8	7	3
7	5	3	8	2	1	6	9	4
6	3	8	2	9	5	1	4	7
1	7	4	6	3	8	9	2	5
5	2	9	1	7	4	3	8	6
9	8	7	4	5	3	2	6	1
3	6	1	7	8	2	4	5	9
2	4	5	9	1	6	7	3	8

2	6	7	5	1	8	3	9	4
8	3	1	6	4	9	2	5	7
4	5	9	7	2	3	1	6	8
3	7	8	1	6	2	9	4	5
5	9	4	8	3	7	6	1	2
6	1	2	9	5	4	8	7	3
9	8	3	4	7	1	5	2	6
1	4	5	2	8	6	7	3	9
7	2	6	3	9	5	4	8	1

5	7	6	3	9	4	2	8	1
2	1	8	7	5	6	4	9	3
3	4	9	8	1	2	5	7	6
8	5	2	6	4	9	1	3	7
7	6	3	2	8	1	9	4	5
4	9	1	5	3	7	6	2	8
9	8	4	1	6	3	7	5	2
6	3	7	4	2	5	8	1	9
1	2	5	9	7	8	3	6	4

3	7	6	5	1	8	2	9	4
8	4	1	9	2	3	7	6	5
2	5	9	6	4	7	1	8	3
6	1	5	2	3	4	8	7	9
9	2	3	7	8	5	4	1	6
7	8	4	1	6	9	5	3	2
1	6	7	3	5	2	9	4	8
5	9	8	4	7	6	3	2	1
4	3	2	8	9	1	6	5	7

1	5	9	8	3	7	4	2	6
2	3	8	6	4	5	1	7	9
7	6	4	2	1	9	8	3	5
3	9	1	4	5	6	2	8	7
6	4	2	1	7	8	9	5	3
5	8	7	3	9	2	6	4	1
4	7	6	9	8	3	5	1	2
8	2	3	5	6	1	7	9	4
9	1	5	7	2	4	3	6	8

7	1	4	6	3	2	8	5	9
8	5	2	1	9	4	6	7	3
9	6	3	8	7	5	1	2	4
6	8	5	7	1	9	4	3	2
2	9	1	4	8	3	7	6	5
4	3	7	5	2	6	9	8	1
5	4	8	2	6	1	3	9	7
3	2	6	9	4	7	5	1	8
1	7	9	3	5	8	2	4	6

6	1	4	3	7	5	8	2	9
2	5	3	9	6	8	4	1	7
8	9	7	2	1	4	6	5	3
4	3	5	6	2	7	1	9	8
1	7	8	4	5	9	2	3	6
9	6	2	1	8	3	7	4	5
5	4	6	7	9	1	3	8	2
7	8	1	5	3	2	9	6	4
3	2	9	8	4	6	5	7	1

4	2	3	6	8	7	5	9	1
7	6	5	9	4	1	3	8	2
9	1	8	3	2	5	7	6	4
8	7	4	2	3	9	1	5	6
5	9	2	4	1	6	8	7	3
1	3	6	7	5	8	2	4	9
3	8	1	5	9	4	6	2	7
6	5	9	1	7	2	4	3	8
2	4	7	8	6	3	9	1	5

1	2	3	4	7	5	8	6	9
5	9	6	3	2	8	1	7	4
8	7	4	1	6	9	3	2	5
4	1	7	6	8	2	5	9	3
9	8	2	5	1	3	7	4	6
6	3	5	9	4	7	2	1	8
3	6	9	7	5	1	4	8	2
2	5	1	8	9	4	6	3	7
7	4	8	2	3	6	9	5	1

5	2	1	9	6	3	4	8	7
3	6	4	7	8	2	5	1	9
9	7	8	4	1	5	2	3	6
8	3	5	1	2	6	7	9	4
1	9	2	3	7	4	6	5	8
7	4	6	8	5	9	3	2	1
4	5	3	6	9	1	8	7	2
6	1	7	2	3	8	9	4	5
2	8	9	5	4	7	1	6	3

3	9	4	7	5	8	2	6	1
2	1	5	3	6	9	7	8	4
7	8	6	4	1	2	3	9	5
5	2	1	8	9	7	6	4	3
4	3	8	1	2	6	5	7	9
9	6	7	5	4	3	8	1	2
1	5	3	6	8	4	9	2	7
8	7	2	9	3	1	4	5	6
6	4	9	2	7	5	1	3	8

3	1	4	5	6	9	8	2	7
9	5	8	7	2	3	6	1	4
7	6	2	8	4	1	5	9	3
8	9	1	3	7	5	4	6	2
4	3	6	1	8	2	7	5	9
2	7	5	6	9	4	1	3	8
1	2	7	4	3	6	9	8	5
5	8	3	9	1	7	2	4	6
6	4	9	2	5	8	3	7	1

8	2	4	5	6	3	7	9	1
7	6	3	2	1	9	4	5	8
9	1	5	8	4	7	2	3	6
6	5	9	1	7	8	3	4	2
3	8	7	4	5	2	6	1	9
2	4	1	3	9	6	8	7	5
4	9	6	7	8	1	5	2	3
1	7	2	6	3	5	9	8	4
5	3	8	9	2	4	1	6	7

6	7	9	2	5	3	4	1	8
5	3	2	4	1	8	7	9	6
4	8	1	9	7	6	2	5	3
8	5	3	7	9	2	1	6	4
7	1	6	5	8	4	9	3	2
2	9	4	3	6	1	8	7	5
1	2	7	6	4	5	3	8	9
3	6	8	1	2	9	5	4	7
9	4	5	8	3	7	6	2	1

6	2	5	4	3	9	7	1	8
9	7	4	1	8	2	5	3	6
8	1	3	7	6	5	4	2	9
2	6	1	8	9	4	3	5	7
4	3	9	5	7	1	6	8	2
5	8	7	6	2	3	9	4	1
7	5	6	2	4	8	1	9	3
1	9	2	3	5	6	8	7	4
3	4	8	9	1	7	2	6	5

4	2	8	6	1	7	9	5	3
6	1	5	8	3	9	7	2	4
7	9	3	5	2	4	1	6	8
2	7	4	1	9	5	3	8	6
5	3	9	4	6	8	2	1	7
1	8	6	3	7	2	4	9	5
8	5	7	9	4	1	6	3	2
3	4	1	2	5	6	8	7	9
9	6	2	7	8	3	5	4	1

2	8	5	4	7	1	6	3	9
1	9	6	8	3	2	4	5	7
4	7	3	9	6	5	2	1	8
3	1	7	2	8	9	5	6	4
6	4	8	3	5	7	9	2	1
5	2	9	1	4	6	7	8	3
7	3	1	5	2	4	8	9	6
9	5	4	6	1	8	3	7	2
8	6	2	7	9	3	1	4	5

3	5	9	6	4	7	8	2	1
4	8	6	5	1	2	9	7	3
7	2	1	9	3	8	6	4	5
1	9	7	3	2	6	5	8	4
8	3	5	4	7	9	2	1	6
2	6	4	1	8	5	7	3	9
5	7	3	2	9	1	4	6	8
6	1	8	7	5	4	3	9	2
9	4	2	8	6	3	1	5	7

9	4	3	1	6	7	2	8	5
5	2	8	9	3	4	1	7	6
1	6	7	2	8	5	9	3	4
6	3	9	7	1	2	4	5	8
7	5	2	3	4	8	6	1	9
4	8	1	6	5	9	7	2	3
2	7	6	8	9	3	5	4	1
8	9	4	5	7	1	3	6	2
3	1	5	4	2	6	8	9	7

3	8	5	1	6	7	4	9	2
7	6	4	2	9	8	1	3	5
9	1	2	5	3	4	8	6	7
6	9	7	8	4	5	3	2	1
4	5	1	3	2	9	6	7	8
2	3	8	7	1	6	5	4	9
8	2	3	4	7	1	9	5	6
1	4	6	9	5	2	7	8	3
5	7	9	6	8	3	2	1	4

7	1	9	4	5	2	8	6	3
6	5	3	1	9	8	7	4	2
4	2	8	6	7	3	1	5	9
1	8	2	7	6	4	9	3	5
9	7	6	8	3	5	2	1	4
3	4	5	2	1	9	6	7	8
2	6	4	5	8	7	3	9	1
8	9	7	3	4	1	5	2	6
5	3	1	9	2	6	4	8	7

2	9	5	3	7	8	1	4	6
6	7	1	5	2	4	9	8	3
3	4	8	6	1	9	2	7	5
1	6	7	8	4	2	5	3	9
5	2	3	7	9	6	4	1	8
4	8	9	1	3	5	6	2	7
9	5	4	2	8	7	3	6	1
8	3	2	9	6	1	7	5	4
7	1	6	4	5	3	8	9	2

9	3	1	6	5	4	7	2	8
2	8	4	9	7	3	1	5	6
5	7	6	8	1	2	9	4	3
6	9	3	2	8	1	4	7	5
4	5	2	7	3	6	8	1	9
7	1	8	5	4	9	6	3	2
8	4	7	3	9	5	2	6	1
3	2	9	1	6	7	5	8	4
1	6	5	4	2	8	3	9	7

6	2	9	5	7	1	4	3	8
8	5	7	9	3	4	6	2	1
4	1	3	6	8	2	5	7	9
7	4	8	3	9	6	1	5	2
9	6	2	1	4	5	3	8	7
1	3	5	7	2	8	9	6	4
3	7	1	8	6	9	2	4	5
2	9	6	4	5	7	8	1	3
5	8	4	2	1	3	7	9	6

8	9	5	4	3	1	2	6	7
7	2	4	9	6	8	5	3	1
3	6	1	7	5	2	8	9	4
9	4	7	6	8	3	1	2	5
2	5	8	1	4	9	6	7	3
6	1	3	2	7	5	4	8	9
4	3	6	8	1	7	9	5	2
5	8	2	3	9	4	7	1	6
1	7	9	5	2	6	3	4	8

4	9	5	3	1	7	2	6	8
2	3	6	8	5	4	7	9	1
7	8	1	2	9	6	5	3	4
9	2	3	7	6	8	1	4	5
8	1	4	9	3	5	6	7	2
5	6	7	4	2	1	3	8	9
6	7	9	5	4	2	8	1	3
3	5	8	1	7	9	4	2	6
1	4	2	6	8	3	9	5	7

2	5	9	6	8	1	7	4	3
3	6	4	2	9	7	5	1	8
1	7	8	4	5	3	6	9	2
5	3	6	7	4	9	8	2	1
8	2	7	1	3	5	9	6	4
4	9	1	8	2	6	3	5	7
7	8	5	9	1	2	4	3	6
6	1	3	5	7	4	2	8	9
9	4	2	3	6	8	1	7	5

6	4	9	5	7	1	2	8	3
1	5	8	2	4	3	7	6	9
3	7	2	8	9	6	5	1	4
8	3	4	7	6	5	1	9	2
9	6	7	4	1	2	8	3	5
5	2	1	3	8	9	6	4	7
2	9	6	1	3	7	4	5	8
7	8	3	6	5	4	9	2	1
4	1	5	9	2	8	3	7	6

7	5	3	1	9	6	8	4	2
4	1	8	2	5	7	9	6	3
6	2	9	8	3	4	7	1	5
5	7	6	4	1	9	2	3	8
9	3	1	6	2	8	4	5	7
8	4	2	3	7	5	1	9	6
1	9	5	7	8	3	6	2	4
2	8	4	5	6	1	3	7	9
3	6	7	9	4	2	5	8	1

8	2	3	4	9	7	5	6	1
5	9	4	1	6	2	7	3	8
6	1	7	8	3	5	4	2	9
1	8	6	2	5	9	3	4	7
4	3	5	6	7	8	9	1	2
2	7	9	3	4	1	6	8	5
7	6	8	5	1	4	2	9	3
9	4	1	7	2	3	8	5	6
3	5	2	9	8	6	1	7	4

9	8	1	5	4	6	2	7	3
6	2	5	3	1	7	4	9	8
3	7	4	8	9	2	1	5	6
7	3	2	9	6	1	5	8	4
5	1	8	7	3	4	9	6	2
4	9	6	2	5	8	7	3	1
2	4	7	6	8	9	3	1	5
8	5	9	1	2	3	6	4	7
1	6	3	4	7	5	8	2	9

6	5	4	8	7	9	1	3	2
8	3	2	4	1	6	5	7	9
1	9	7	5	3	2	6	8	4
5	4	9	7	8	1	2	6	3
3	2	8	9	6	5	4	1	7
7	1	6	2	4	3	8	9	5
4	6	1	3	5	7	9	2	8
9	8	3	1	2	4	7	5	6
2	7	5	6	9	8	3	4	1

9	2	5	3	8	6	7	4	1
6	3	4	2	1	7	9	5	8
8	1	7	4	9	5	2	6	3
4	5	6	8	7	3	1	9	2
1	8	2	6	4	9	3	7	5
7	9	3	1	5	2	4	8	6
5	4	1	7	2	8	6	3	9
2	6	9	5	3	4	8	1	7
3	7	8	9	6	1	5	2	4

1	3	8	6	4	9	7	5	2
4	6	5	8	2	7	9	1	3
9	7	2	1	5	3	4	6	8
7	2	4	3	8	6	5	9	1
3	9	6	7	1	5	2	8	4
8	5	1	4	9	2	3	7	6
2	1	7	5	3	8	6	4	9
5	8	3	9	6	4	1	2	7
6	4	9	2	7	1	8	3	5

7	4	5	8	1	3	9	2	6
9	1	8	2	6	4	3	7	5
3	2	6	7	5	9	1	4	8
8	3	4	9	7	6	5	1	2
5	6	9	1	2	8	4	3	7
2	7	1	4	3	5	8	6	9
6	9	2	5	4	1	7	8	3
4	5	3	6	8	7	2	9	1
1	8	7	3	9	2	6	5	4

3	4	1	9	7	5	2	6	8
9	7	2	8	1	6	3	4	5
6	5	8	2	4	3	1	9	7
1	2	6	7	5	8	4	3	9
8	3	7	4	6	9	5	1	2
4	9	5	1	3	2	8	7	6
2	6	3	5	9	1	7	8	4
7	8	9	3	2	4	6	5	1
5	1	4	6	8	7	9	2	3

4	7	9	8	2	3	1	6	5
1	5	3	6	9	7	4	2	8
6	8	2	5	1	4	7	9	3
8	1	6	3	7	5	9	4	2
5	9	4	2	6	8	3	1	7
3	2	7	1	4	9	8	5	6
7	6	5	9	3	1	2	8	4
2	3	1	4	8	6	5	7	9
9	4	8	7	5	2	6	3	1

1	7	5	4	2	8	9	6	3
4	8	6	3	9	5	1	2	7
2	9	3	6	1	7	8	4	5
3	5	2	8	4	9	6	7	1
7	6	8	2	3	1	5	9	4
9	1	4	7	5	6	2	3	8
6	3	7	5	8	2	4	1	9
8	2	9	1	7	4	3	5	6
5	4	1	9	6	3	7	8	2

1	7	9	4	5	6	8	3	2
2	6	4	7	3	8	9	5	1
3	5	8	2	1	9	7	4	6
6	1	5	3	7	4	2	9	8
7	8	3	5	9	2	6	1	4
9	4	2	8	6	1	3	7	5
8	9	6	1	4	3	5	2	7
4	2	7	9	8	5	1	6	3
5	3	1	6	2	7	4	8	9

7	1	9	6	2	4	3	8	5
5	6	8	3	1	7	2	9	4
2	3	4	9	8	5	7	1	6
4	7	6	5	3	9	1	2	8
3	9	2	1	6	8	4	5	7
8	5	1	7	4	2	9	6	3
1	4	3	2	5	6	8	7	9
6	2	7	8	9	3	5	4	1
9	8	5	4	7	1	6	3	2

4	5	6	2	9	3	8	1	7
2	1	3	6	7	8	9	5	4
7	9	8	4	1	5	6	3	2
8	7	9	3	2	1	4	6	5
1	6	5	8	4	7	2	9	3
3	2	4	5	6	9	1	7	8
5	8	2	9	3	6	7	4	1
9	3	7	1	8	4	5	2	6
6	4	1	7	5	2	3	8	9

1	5	4	7	8	6	9	3	2
8	9	3	1	2	4	6	7	5
2	7	6	5	9	3	1	8	4
4	2	1	6	7	9	3	5	8
5	3	8	4	1	2	7	6	9
7	6	9	8	3	5	4	2	1
6	8	5	3	4	1	2	9	7
3	1	2	9	5	7	8	4	6
9	4	7	2	6	8	5	1	3

4	6	1	2	5	8	9	3	7
3	2	7	9	1	4	5	8	6
9	5	8	6	7	3	1	4	2
7	3	5	4	8	9	6	2	1
6	4	2	5	3	1	7	9	8
8	1	9	7	2	6	4	5	3
1	7	4	8	9	2	3	6	5
5	8	6	3	4	7	2	1	9
2	9	3	1	6	5	8	7	4

6	3	8	1	4	5	9	7	2
7	9	5	3	2	8	6	1	4
1	4	2	6	7	9	5	3	8
2	6	3	5	9	7	8	4	1
8	7	4	2	1	6	3	9	5
5	1	9	8	3	4	2	6	7
9	8	1	4	6	2	7	5	3
4	2	7	9	5	3	1	8	6
3	5	6	7	8	1	4	2	9

5	2	3	1	7	8	6	9	4
6	8	1	9	4	2	7	5	3
9	7	4	5	6	3	8	2	1
4	5	7	6	8	9	3	1	2
2	6	8	4	3	1	9	7	5
3	1	9	2	5	7	4	6	8
1	3	5	8	9	6	2	4	7
8	9	2	7	1	4	5	3	6
7	4	6	3	2	5	1	8	9

9	6	4	2	1	8	7	5	3
8	3	5	9	7	6	4	1	2
7	2	1	3	5	4	9	6	8
6	8	3	7	2	9	5	4	1
2	5	7	8	4	1	3	9	6
4	1	9	5	6	3	2	8	7
5	9	8	1	3	2	6	7	4
3	7	6	4	8	5	1	2	9
1	4	2	6	9	7	8	3	5

8	9	4	7	1	5	2	6	3
2	6	1	3	9	4	8	7	5
5	7	3	6	2	8	4	9	1
9	3	6	2	8	7	5	1	4
1	5	8	4	3	9	7	2	6
7	4	2	5	6	1	3	8	9
6	2	9	8	5	3	1	4	7
4	8	5	1	7	6	9	3	2
3	1	7	9	4	2	6	5	8

3	7	5	1	4	8	6	2	9
8	4	1	6	9	2	3	7	5
2	6	9	3	7	5	1	8	4
4	1	3	2	6	9	8	5	7
6	2	7	5	8	3	4	9	1
5	9	8	4	1	7	2	3	6
9	8	4	7	3	1	5	6	2
1	3	2	9	5	6	7	4	8
7	5	6	8	2	4	9	1	3

6	7	3	4	9	2	8	1	5
4	5	9	6	1	8	2	3	7
8	2	1	7	3	5	9	4	6
9	4	2	8	7	6	1	5	3
7	3	8	2	5	1	6	9	4
5	1	6	3	4	9	7	8	2
2	6	5	1	8	3	4	7	9
3	8	4	9	2	7	5	6	1
1	9	7	5	6	4	3	2	8

3	4	2	6	7	8	5	9	1
9	1	5	2	4	3	8	7	6
6	8	7	5	9	1	2	3	4
4	5	9	8	1	6	3	2	7
8	6	3	7	2	4	9	1	5
2	7	1	3	5	9	6	4	8
7	3	6	1	8	2	4	5	9
5	2	4	9	6	7	1	8	3
1	9	8	4	3	5	7	6	2

6	5	7	3	2	8	4	9	1
8	2	9	1	6	4	5	7	3
1	3	4	7	5	9	2	8	6
9	6	2	4	3	5	7	1	8
4	7	3	9	8	1	6	2	5
5	1	8	2	7	6	9	3	4
3	4	1	5	9	7	8	6	2
7	8	5	6	1	2	3	4	9
2	9	6	8	4	3	1	5	7

7	5	1	9	8	6	2	3	4
6	3	4	1	2	5	8	9	7
9	8	2	7	3	4	1	6	5
2	7	5	3	6	8	9	4	1
4	6	3	2	1	9	5	7	8
1	9	8	4	5	7	3	2	6
8	1	7	6	9	2	4	5	3
3	4	9	5	7	1	6	8	2
5	2	6	8	4	3	7	1	9

5	6	2	7	4	8	3	1	9
9	1	7	2	3	6	4	8	5
8	3	4	1	5	9	7	2	6
3	8	9	6	2	1	5	7	4
7	4	1	5	8	3	6	9	2
6	2	5	4	9	7	8	3	1
4	5	3	8	1	2	9	6	7
1	7	8	9	6	4	2	5	3
2	9	6	3	7	5	1	4	8

1	2	3	8	9	7	5	4	6
4	7	8	1	5	6	9	3	2
9	6	5	2	3	4	7	1	8
7	9	2	6	4	3	1	8	5
6	5	1	7	2	8	3	9	4
3	8	4	9	1	5	2	6	7
8	3	9	5	6	2	4	7	1
5	1	7	4	8	9	6	2	3
2	4	6	3	7	1	8	5	9

9	1	7	2	8	4	6	3	5
4	3	5	9	1	6	7	2	8
6	8	2	7	5	3	9	1	4
5	4	6	3	9	1	8	7	2
1	7	3	5	2	8	4	9	6
8	2	9	6	4	7	1	5	3
7	9	4	8	3	2	5	6	1
2	6	1	4	7	5	3	8	9
3	5	8	1	6	9	2	4	7

5	7	1	6	3	8	9	4	2
6	8	2	9	1	4	5	3	7
9	4	3	7	5	2	6	8	1
4	3	9	8	2	5	1	7	6
7	5	8	4	6	1	2	9	3
2	1	6	3	7	9	8	5	4
3	9	7	1	8	6	4	2	5
1	2	4	5	9	7	3	6	8
8	6	5	2	4	3	7	1	9

2	1	7	3	8	4	6	5	9
8	5	6	9	2	7	1	3	4
4	9	3	5	1	6	7	2	8
7	4	2	8	9	3	5	6	1
5	3	8	1	6	2	9	4	7
1	6	9	7	4	5	3	8	2
6	2	5	4	7	1	8	9	3
3	8	1	2	5	9	4	7	6
9	7	4	6	3	8	2	1	5

3	2	6	1	4	8	9	5	7
8	9	7	3	5	6	2	4	1
5	1	4	2	7	9	8	3	6
4	6	1	7	3	2	5	8	9
9	3	5	6	8	4	7	1	2
7	8	2	9	1	5	3	6	4
1	4	8	5	2	7	6	9	3
6	7	3	8	9	1	4	2	5
2	5	9	4	6	3	1	7	8

8	2	9	5	1	4	7	3	6
4	1	7	3	9	6	8	5	2
3	5	6	8	7	2	4	9	1
1	3	8	2	6	7	9	4	5
5	9	2	4	3	1	6	7	8
6	7	4	9	8	5	2	1	3
2	6	1	7	5	9	3	8	4
9	4	3	1	2	8	5	6	7
7	8	5	6	4	3	1	2	9

4	3	8	6	9	5	2	1	7
1	2	6	8	7	4	9	5	3
5	7	9	1	3	2	6	8	4
7	1	3	9	5	6	4	2	8
6	5	4	2	8	1	3	7	9
8	9	2	7	4	3	1	6	5
9	6	5	3	1	8	7	4	2
2	8	7	4	6	9	5	3	1
3	4	1	5	2	7	8	9	6

3	6	9	8	2	1	4	5	7
1	7	8	4	6	5	3	9	2
4	5	2	3	7	9	1	6	8
8	3	6	9	5	4	2	7	1
7	9	5	2	1	3	6	8	4
2	4	1	6	8	7	9	3	5
5	2	4	7	9	6	8	1	3
6	1	3	5	4	8	7	2	9
9	8	7	1	3	2	5	4	6

6	7	3	4	9	2	8	1	5
9	4	5	6	8	1	7	3	2
1	8	2	3	7	5	4	9	6
4	2	8	5	1	3	6	7	9
7	6	1	8	4	9	5	2	3
3	5	9	2	6	7	1	4	8
8	1	7	9	2	6	3	5	4
5	9	4	7	3	8	2	6	1
2	3	6	1	5	4	9	8	7

4	9	5	3	8	6	1	7	2
7	8	2	9	1	4	6	3	5
6	3	1	2	7	5	8	4	9
9	2	7	4	3	8	5	6	1
3	5	4	1	6	9	7	2	8
8	1	6	7	5	2	4	9	3
1	7	9	8	4	3	2	5	6
5	4	3	6	2	1	9	8	7
2	6	8	5	9	7	3	1	4

6	7	9	3	2	8	1	4	5
3	1	5	6	4	7	9	2	8
8	4	2	5	9	1	7	3	6
9	6	8	7	1	3	4	5	2
1	5	4	2	6	9	3	8	7
2	3	7	8	5	4	6	1	9
5	2	1	4	7	6	8	9	3
4	8	6	9	3	5	2	7	1
7	9	3	1	8	2	5	6	4

2	1	5	8	7	3	9	6	4
9	8	7	6	4	5	3	1	2
3	6	4	2	1	9	7	8	5
5	3	2	9	6	7	8	4	1
4	7	8	5	2	1	6	9	3
6	9	1	3	8	4	2	5	7
1	2	6	4	3	8	5	7	9
7	5	3	1	9	6	4	2	8
8	4	9	7	5	2	1	3	6

8	5	1	4	6	2	7	3	9
3	4	7	8	9	5	6	1	2
9	6	2	7	3	1	4	8	5
1	9	5	3	8	7	2	4	6
6	8	4	2	5	9	3	7	1
7	2	3	1	4	6	9	5	8
4	1	6	9	7	8	5	2	3
5	7	8	6	2	3	1	9	4
2	3	9	5	1	4	8	6	7

2	7	5	4	3	1	8	6	9
8	6	4	5	9	7	3	2	1
1	9	3	8	2	6	7	4	5
5	3	7	1	4	8	6	9	2
6	1	2	3	7	9	5	8	4
4	8	9	2	6	5	1	7	3
7	5	6	9	1	4	2	3	8
3	4	8	6	5	2	9	1	7
9	2	1	7	8	3	4	5	6

5	4	2	9	8	7	3	6	1
9	1	3	4	6	2	7	5	8
8	6	7	3	1	5	2	4	9
7	5	1	6	2	8	9	3	4
2	3	4	5	9	1	6	8	7
6	9	8	7	4	3	5	1	2
4	7	5	1	3	9	8	2	6
1	2	9	8	5	6	4	7	3
3	8	6	2	7	4	1	9	5

4	1	7	6	2	8	9	3	5
6	3	5	9	7	1	4	2	8
2	8	9	3	4	5	7	6	1
1	5	8	4	6	9	2	7	3
7	6	3	8	1	2	5	4	9
9	4	2	7	5	3	1	8	6
5	7	6	1	3	4	8	9	2
3	9	1	2	8	7	6	5	4
8	2	4	5	9	6	3	1	7

8	2	6	1	3	5	4	9	7
3	7	1	4	9	6	8	5	2
4	5	9	2	8	7	6	3	1
7	1	5	9	6	3	2	4	8
6	3	8	5	4	2	1	7	9
2	9	4	8	7	1	5	6	3
1	4	3	6	2	9	7	8	5
5	6	7	3	1	8	9	2	4
9	8	2	7	5	4	3	1	6

4	9	2	8	5	3	1	6	7
8	3	1	9	6	7	4	2	5
7	5	6	4	2	1	9	3	8
9	1	3	7	8	2	5	4	6
5	8	7	6	4	9	3	1	2
6	2	4	1	3	5	7	8	9
1	6	8	5	7	4	2	9	3
3	4	5	2	9	6	8	7	1
2	7	9	3	1	8	6	5	4

9	8	6	7	5	1	2	4	3
4	2	7	6	8	3	5	1	9
3	5	1	9	2	4	6	7	8
8	4	9	1	6	5	7	3	2
7	6	2	3	9	8	4	5	1
1	3	5	2	4	7	9	8	6
6	7	3	5	1	2	8	9	4
2	1	4	8	7	9	3	6	5
5	9	8	4	3	6	1	2	7

3	2	5	6	4	7	1	8	9
7	1	6	9	8	2	5	3	4
9	4	8	5	1	3	2	7	6
6	7	9	1	5	8	3	4	2
2	5	1	4	3	6	8	9	7
4	8	3	7	2	9	6	1	5
1	6	2	8	7	4	9	5	3
5	9	4	3	6	1	7	2	8
8	3	7	2	9	5	4	6	1

3	4	8	2	5	1	9	6	7
2	9	5	6	7	4	1	8	3
6	1	7	9	8	3	4	5	2
9	6	2	3	1	8	7	4	5
8	5	1	7	4	2	3	9	6
4	7	3	5	9	6	8	2	1
7	3	4	8	6	5	2	1	9
1	2	6	4	3	9	5	7	8
5	8	9	1	2	7	6	3	4

6	7	3	8	1	5	4	2	9
5	8	2	4	9	3	1	6	7
4	1	9	7	6	2	3	8	5
8	9	4	5	2	7	6	3	1
3	5	6	1	8	9	2	7	4
1	2	7	6	3	4	9	5	8
7	4	1	3	5	6	8	9	2
9	6	8	2	7	1	5	4	3
2	3	5	9	4	8	7	1	6

9	4	3	2	5	8	6	1	7
5	2	1	7	6	9	4	8	3
8	7	6	1	3	4	2	5	9
6	5	4	8	2	3	9	7	1
7	8	9	5	1	6	3	2	4
1	3	2	4	9	7	5	6	8
3	1	7	6	4	5	8	9	2
2	9	5	3	8	1	7	4	6
4	6	8	9	7	2	1	3	5

6	5	2	1	9	4	3	7	8
1	4	7	8	6	3	9	5	2
3	9	8	7	5	2	6	1	4
7	6	9	3	1	8	4	2	5
8	1	4	6	2	5	7	9	3
2	3	5	9	4	7	8	6	1
5	2	3	4	7	9	1	8	6
4	7	6	5	8	1	2	3	9
9	8	1	2	3	6	5	4	7

7	3	9	1	4	5	8	6	2
8	5	2	7	9	6	4	1	3
4	1	6	2	3	8	9	7	5
6	2	1	9	5	4	3	8	7
3	8	7	6	1	2	5	4	9
9	4	5	3	8	7	1	2	6
2	9	4	5	6	1	7	3	8
5	6	8	4	7	3	2	9	1
1	7	3	8	2	9	6	5	4

6	2	3	9	1	8	7	5	4
5	4	9	3	7	2	1	8	6
7	1	8	5	4	6	9	2	3
9	5	1	6	2	7	3	4	8
2	3	7	8	9	4	5	6	1
4	8	6	1	5	3	2	7	9
8	6	5	7	3	9	4	1	2
1	9	2	4	8	5	6	3	7
3	7	4	2	6	1	8	9	5

4	8	9	5	6	2	3	1	7
6	1	3	7	9	4	5	8	2
2	5	7	1	3	8	9	6	4
9	2	5	6	7	3	1	4	8
3	6	1	4	8	5	7	2	9
7	4	8	9	2	1	6	5	3
5	7	6	2	4	9	8	3	1
1	3	4	8	5	7	2	9	6
8	9	2	3	1	6	4	7	5

7	8	3	4	6	2	5	9	1
5	2	4	1	9	8	7	3	6
6	1	9	7	3	5	4	2	8
2	4	7	6	1	9	3	8	5
1	9	5	3	8	4	2	6	7
8	3	6	5	2	7	9	1	4
4	6	8	9	7	3	1	5	2
3	7	2	8	5	1	6	4	9
9	5	1	2	4	6	8	7	3

8	9	7	6	4	2	5	3	1
6	2	5	3	1	8	4	9	7
4	3	1	7	9	5	8	2	6
7	5	3	9	6	4	1	8	2
9	4	2	8	3	1	6	7	5
1	8	6	5	2	7	9	4	3
3	6	4	2	5	9	7	1	8
5	1	8	4	7	3	2	6	9
2	7	9	1	8	6	3	5	4

2	9	6	1	5	7	4	3	8
7	3	8	6	4	9	1	5	2
4	1	5	8	3	2	6	7	9
5	2	7	9	6	3	8	1	4
9	8	1	2	7	4	3	6	5
6	4	3	5	1	8	9	2	7
8	6	9	3	2	5	7	4	1
3	7	2	4	8	1	5	9	6
1	5	4	7	9	6	2	8	3

6	8	7	9	5	3	2	1	4
5	9	4	2	6	1	7	8	3
2	3	1	7	8	4	5	9	6
1	6	2	5	9	8	3	4	7
4	5	8	1	3	7	6	2	9
3	7	9	4	2	6	8	5	1
7	2	5	6	4	9	1	3	8
9	1	3	8	7	5	4	6	2
8	4	6	3	1	2	9	7	5

5	7	1	4	2	6	3	8	9
2	9	3	7	8	1	6	4	5
4	6	8	3	9	5	1	7	2
9	4	5	6	3	2	8	1	7
6	1	7	5	4	8	2	9	3
8	3	2	1	7	9	5	6	4
3	2	9	8	6	4	7	5	1
7	5	6	9	1	3	4	2	8
1	8	4	2	5	7	9	3	6

6	5	3	1	2	8	7	4	9
1	4	7	3	9	6	5	2	8
2	8	9	7	5	4	1	6	3
4	3	8	6	1	5	2	9	7
9	2	1	4	3	7	6	8	5
7	6	5	9	8	2	4	3	1
3	1	2	5	6	9	8	7	4
8	9	4	2	7	1	3	5	6
5	7	6	8	4	3	9	1	2

www.ingramcontent.com/pod-product-compliance
Lightning Source LLC
Chambersburg PA
CBHW030523220526
45463CB00007B/2690
9781689003216